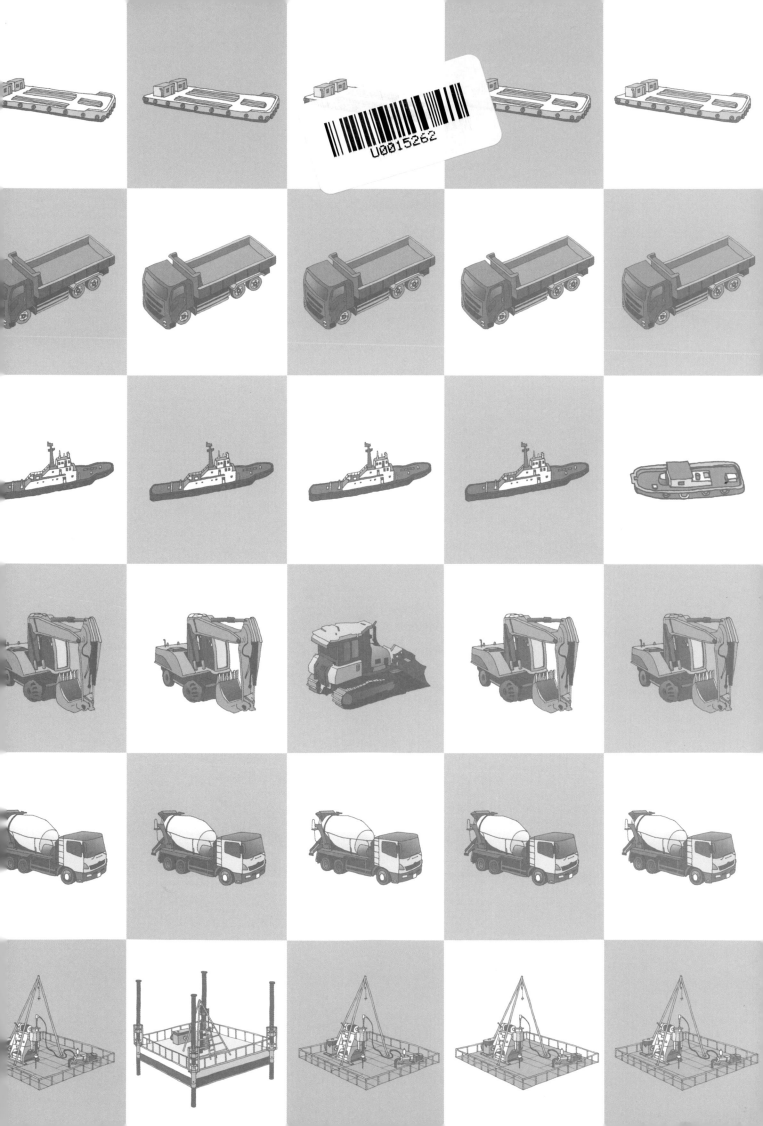

從無到有的過程

　　就像觀察牽牛花的藤蔓慢慢的攀爬在牆面上一樣，當某樣東西一點一滴的形成時，總讓人興奮不已。

　　「從無到有工程大剖析」系列以繪圖的方式，介紹我們生活周遭的「巨大建設」，以及它們的建造過程。

　　翻開這本書，可以了解每項建設都必須經過多道施工，運用許多重型機械，加上大量人力的參與，才能建造完成。

　　讓我們帶著愉快的心情，看看日復一日，藉由時間不斷累積所建造出的巨大建設有多壯觀吧！

從無到有
工程大剖析

橋梁

監修／鹿島建設株式會社

繪圖／山田和明

翻譯／李彥樺

審訂／陳建州 雲林科技大學
營建工程系教授

目次

前言

不可或缺的橋梁

想要前往視線遠方的另一頭，卻因為大海、河川、山谷等的阻擋而過不去。

如果能把這裡和另一頭連接起來，生活一定會更加便利──當我們前方出現阻礙時，腦中會自然浮現這樣的想法。久而久之，當越來越多人有同樣的需求時，就開始規畫搭建橋梁。

橋梁橫跨道路、峽谷、河流、海峽之上，跨越各種阻礙，讓行人、車輛和火車順利通行。世界上有各種型式的橋梁，從古老的石板橋、蔓橋，到現代的桁架橋與斜張橋……造型各式各樣，長度有長有短，都與橋梁所在的位置有關。

接下來，我們來搭建一座橋梁吧！

在搭建的過程中，每一項施工要做些什麼工程？又必須使用哪些大型機具呢？

讓我們一起觀察各種厲害的橋梁工程，體驗從無到有的過程是多麼奧妙與偉大吧！

造橋

在這裡造橋吧！
如果有橋梁，就可以過著暢行無阻、來去自如的生活。

測量地面與海床

在搭建橋梁前，必須先繪製設計圖。為了結構安全，繪圖前，會用儀器測量橋梁建造範圍的地面和海床。

首先，測量橋梁兩端的陸地，利用空拍機從空中測量地面的高度，記錄地形的變化。

接著，要評估海床地質的硬度，可用鑽機等機器，鑽入海床挖出土壤來進行調查。

利用飛機來測量？

利用飛機來測量地面的高度，是不是不可思議？這種特殊的飛機是空拍機，利用機腹附近的照相機拍照，或是從機身發射雷射光到地面測量距離，再利用測量出來的距離為依據，計算出地面的高低數值。

如果要測量海平面到海床的距離，則是從船上發出聲波到海中進行測量作業。

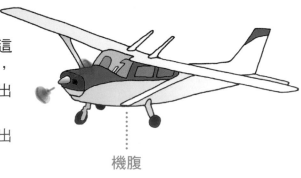

機腹

什麼是鑽探？

簡單來說就是挖洞，從地面挖一個洞直達深處，調查這裡是由什麼樣的土質所構成。

金字塔形狀的部分就是鑽機，伸縮鑽桿會從上往下鑽掘，採取土壤。

建造橋臺

橋臺位於橋梁兩端的陸地上，是支撐橋體的臺座。

建造橋臺，會先進行地面開挖，然後組立模板、綁紮鋼筋，再灌入混凝土，待混凝土凝固後進行架梁作業。

長度較短的橋梁，會直接把「主梁」架在橋臺上。如果橋梁很長，一般會在橋臺之間多設置兩個基座。

挖掘機

挖土一事就交給它吧！機械手臂前端的挖斗會拚命挖土，直到出現硬質的地層。

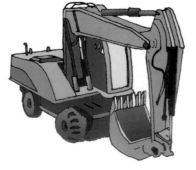

砂石車

挖掘機挖掘出來的土，幾乎都堆積在砂石車上運走，是一種力大無窮的工程車。

搬運基座

　　基座通常在陸地上的工廠製作，先用金屬鋼材鑄造巨大的箱形物，稱作「沉箱」，再利用船舶拖運到海中的預定位置。

　　外觀巨大的沉箱，其實內部中空，並不沉重，能夠漂浮在海面上，即使小型船舶也能拖著它移動。

找到定位！

　　船舶要將沉箱拖運到海中，並將它置放在預定的位置，但是在海上無法做記號，怎樣才能將沉箱拖到正確的位置呢？

　　從陸地上的某個已知位置，利用儀器測量沉箱的相對位置；或是由外太空衛星發射電波進行衛星定位；都是找出正確位置的方法。

太空上的衛星

找到了！

這裡？

衛星訊號接收器

測量位置的儀器

除了陸地上的測量，太空中衛星的定位數據也很重要。將收集來的數據加以計算，就能準確找到沉箱的置放位置。

固定基座

在已放置到預定位置的沉箱中注水，讓它緩緩下沉到海床上，固定好位置，接著再注入混凝土，就成為支撐橋梁的基座。

一般的混凝土加入水中會分散開來，所以橋梁施工會使用特殊的混凝土，即使在水中還是可以凝固。

因為需要大量的混凝土，所以要動用平臺船，不斷來回運送混凝土攪拌車。

平臺船

擁有平坦作業平臺的船，在海上的施工現場經常能見到它，負責運送起重機或混凝土攪拌車等重型機械，以及搬運施工材料，也稱作搬運船。

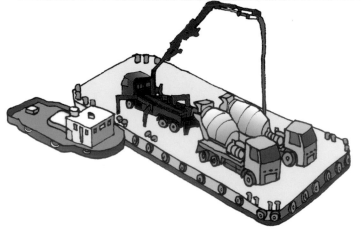

船隻往返，一如往常

　　海上會有許多船舶通行，例如捕魚的漁船、運送人或貨物的輪船、守護海上安全的消防船等。造橋施工時，這些船舶仍舊一如往常的運行在海上，所以經過施工現場時要十分小心，基本上會從右側通行。

建塔

有如海中兩座小島的基座已經完成，接下來要建造橋梁的主塔，也是橋梁上最高的部分。

在基座平面上，會先組立模板、綁紮鋼筋，再灌入混凝土，等待它凝固。彷彿在建造高樓大廈一般，混凝土材質的結構物在大海中一層一層的增高，最後形成巨大的主塔。

從300公尺高的主塔上遠眺的景色（日本兵庫縣的明石海峽大橋）。

主塔的裡頭……

橋梁是必須長久使用的結構物。建造完成後，也必須經常確認橋梁有無受損，此時維護人員就得爬至主塔上，所以主塔裡必須有電梯、樓梯和梯子等設備。

隨時注意天氣預報！

　　挑選灌入混凝土的日子，決定的關鍵是天氣，如果下雨就無法進行了，因為水分太多時，水泥無法凝固。因此，時機點非常重要！要時時刻刻關注天氣預報。灌完混凝土、凝固之後，即使下雨也不會有影響。

建造主梁

　　在建造完成的主塔兩側，開始建造橫跨海面的主梁。主梁橋面是橋上的平坦路面，讓行人與車子順利通行。

　　在主塔左右兩側架好移動式工作車後，同時施作長度相同的節塊，保持兩側平衡。

　　完成長度相同的節塊後，移動式工作車就會再往外側移動，繼續施作下一段的節塊，逐步建造主梁。

主梁的裡頭……

　　主梁如果建造成實心，就會太重，因此主梁的內部會故意保留空間，藉此減輕重量，同時也讓維持大眾生活必須用到的管線，例如水管、電線和光纖等，都能從主梁的內部通過。

移動式工作車

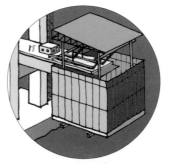

　　每一座主塔的兩側各有一臺移動式工作車，以鋼構材料建造而成，非常堅固。這種工作車上方設有遮雨棚，就算天氣不好也能安全施工！

拉起鋼纜

　　主塔的左右兩側建造完成相同長度的主梁後，會以斜張鋼纜連接主塔與主梁。就像平衡玩偶一樣，以主塔為中心，左右兩側必須取得重量的平衡點，將主梁牢牢懸吊住。

　　當主梁建造得更長時，會從主塔的更上方再拉起鋼纜。如此反覆的施工。

就像平衡玩偶一樣！

　　日本的彌次郎兵衛玩具，自中心往左右兩側延伸的臂桿上各有鉛錘，會在搖搖晃晃的過程中逐漸取得平衡。

　　主塔和鋼纜所連接的左右主梁，組成的方式就和彌次郎兵衛玩具的結構相同。

超強的鋼纜！

　　鋼是在鐵中加入碳元素結合而成的金屬，特徵是非常硬。鋼纜就是以鋼線製成的纜線，一條鋼纜通常由非常多條較細的鋼線組合而成，外觀雖然像鐵線，但是強度完全不同，非常堅固。

全部
連接起來

從不同位置延伸出來的主梁，終於要連接在一起了。從主塔拉出的斜張鋼纜，也形成美麗的線條，讓整體造型更加美觀。

接下來，要在主梁上鋪瀝青混凝土，架設欄杆和照明燈具。最後把海上的橋梁與陸地上的道路銜接起來，就大功告成了！

合龍作業完成，
可喜可賀！

當主梁全部連接在一起時，表示「合龍作業」順利完成，會舉行慶祝典禮。主梁的連接處會預留一段縫隙，慶祝典禮時再填入混凝土，象徵工程接近完工。

註：通常只有搭建斜張橋時，才會舉行合龍典禮。在臺灣，還會邀請重要官員到場致詞。

伸縮自如的主梁

　　因為水泥和鋼鐵等材料會隨著溫度而伸縮，因此，主梁的長度會隨著季節而變化，夏天時變長，冬天時變短。如果主梁兩端連接處完全密合，熱脹冷縮會導致路磚擠壓或剝落，損壞路面，因此主梁兩端連接處要預留一些空間，以供主梁伸縮之用。

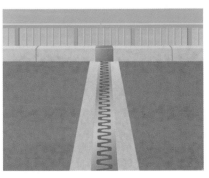

橋梁搭建完成

後記

橋梁讓世界更寬廣

連接陸地兩端的海上橋梁搭建完成了。

剛捕獲的鮮魚，可以運送到隔壁城鎮的超級市場；生病的人們，也可以盡快前往大醫院接受治療。

過去這些因兩地阻隔而耗費的時間，現在都能在短時間內完成。

為了欣賞美麗的橋梁，有些人甚至不辭辛苦，從遙遠的地方聚集過來。

人與人之間的關係，因為橋梁而拉近了，我們看見的世界越來越寬廣。

請試著仔細觀察橋梁。你一定會有新發現！

關於橋梁‧‧‧‧‧

橋梁的起源
隨處可得的木頭與石塊

　　從前的人在路途中遇到河川或山谷時，會將隨處可得的木頭和石塊堆疊或架設在上頭，這就是橋梁的起源。雖然做法非常簡單，卻也算是橋梁。即使到了今天，還是有很多地方能看到這種建造方式。

　　以樹木藤蔓搭成的蔓橋，有容易彎曲但不易折斷的優點，歷史相當悠久。

　　位於日本德島縣祖谷溪上的蔓橋，架設在河面上方14公尺處，是一座長約45公尺的吊橋，製作得相當堅固，令人難以相信是以藤蔓編成的。當地人每隔三年會拆除舊的蔓橋，重新編製一座新的蔓橋。

蔓橋

你最喜歡哪一種？
五種常見的橋梁

拱橋

底部為圓弧形的橋梁，大多是以磚塊或石塊堆成。

日本長崎縣的眼鏡橋，是一座石造的拱橋。

吊橋

有主塔和固定在地面的粗大主纜，主纜會連結許多細吊索，將主梁吊起。

瑞士特里夫吊橋，是目前阿爾卑斯山山區中最長、最高的吊橋。

桁架橋

將建材組合成三角結構再連接起來的橋梁，橋身結構非常堅固。

臺灣西螺大橋以華倫式桁架橋設計，連接雲林縣與彰化縣，橫跨濁水溪。

梁橋

結構非常簡單，直接將主梁架設在橋墩上，存在年代久遠。

英國達特穆爾現存的石板橋，有些已經存在2000多年。

斜張橋

纜索以傾斜的角度從主塔延伸出來，將主梁拉緊、支撐橋身。

臺灣高屏溪斜張橋，是一座橫跨高屏溪的高速公路橋梁。

每一座都好想去看看！
世界上各種帥氣的橋梁

目前全世界最長的吊橋

跨越日本瀨戶內海上的明石海峽大橋，全長約4公里，連結日本的本州與四國。主塔的高度約300公尺，幾乎與全日本最高大樓「阿倍野HARUKAS」一樣高。有些遊覽行程會安排遊客到主塔的頂端參觀。

英國 主梁可以張開的橋梁

位在倫敦泰晤士河上的倫敦塔橋，每當有船要通過時，主梁就會張開。平均每星期張開一次，張開的時間大約 1 分鐘。

高聳於山川間的高架橋

位於法國南部的米洛大橋，橋面高270公尺，塔柱最高處約300多公尺，比巴黎艾菲爾鐵塔還高。車輛行走在架高的橋面上，宛如置身在雲端。

顏色鮮豔的美麗懸吊橋

美國舊金山的金門大橋，跨越連接舊金山灣和太平洋的金門海峽，橋身是鮮豔的橘紅色，即使在大霧天氣裡也相當醒目，是舊金山的重要地標。

趣味十足

橋梁施工時無可取代的
重型機械

挖掘機

掛在機械手臂的挖斗可以將砂土一鏟一鏟的挖起。地面上的施工通常少不了它。

平臺船

在海上施工時，特別能夠派上用場，可以將重型機械、材料和施工人員載到施工現場。平臺船分成兩種，一種可自動移動，另一種要靠拖船移動。

靠拖船拖拉

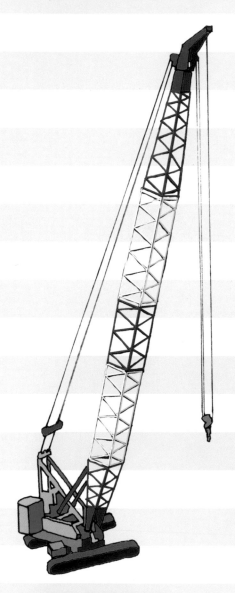

履帶式起重機

可以吊起很重的機具和材料，運送到其他地方。除了能在陸地上工作，也可以放在平臺船上，在海上大展身手。

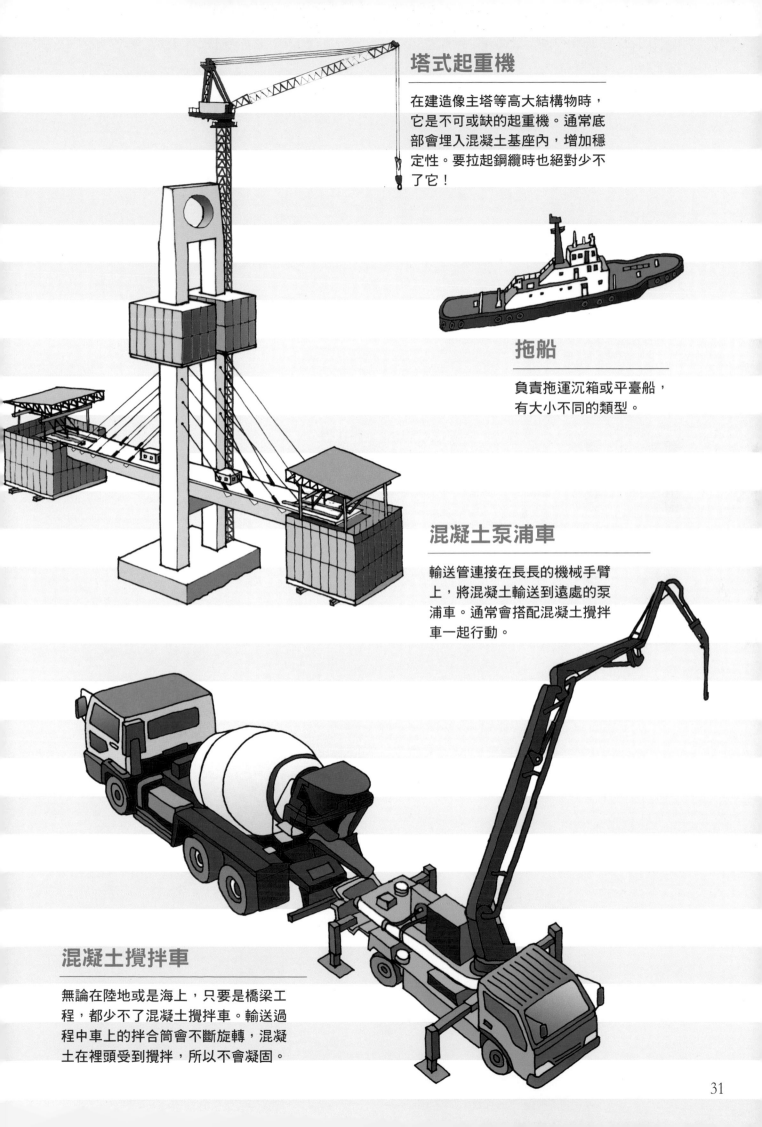

塔式起重機

在建造像主塔等高大結構物時，它是不可或缺的起重機。通常底部會埋入混凝土基座內，增加穩定性。要拉起鋼纜時也絕對少不了它！

拖船

負責拖運沉箱或平臺船，有大小不同的類型。

混凝土泵浦車

輸送管連接在長長的機械手臂上，將混凝土輸送到遠處的泵浦車。通常會搭配混凝土攪拌車一起行動。

混凝土攪拌車

無論在陸地或是海上，只要是橋梁工程，都少不了混凝土攪拌車。輸送過程中車上的拌合筒會不斷旋轉，混凝土在裡頭受到攪拌，所以不會凝固。

監修｜**鹿島建設株式會社**

　　鹿島建設株式會社是日本五大建設公司之一，總公司設址於東京，創辦於1840年，在日本建築業的發展中占有相當重要的地位，主要建造涵蓋水壩、橋梁、隧道、棒球場等，尤其在建造核電廠及高層建築物方面享有盛譽。

繪圖｜**山田和明**

　　出生於日本京都市，現住在神奈川縣。日本兒童文藝家協會會員，擅長水粉畫與水彩插畫。作品曾入選2010年、2011年和2018年「義大利波隆那國際兒童書插畫展」。繪本作品有《下一站，紅氣球》、《哪個星星是我家？》（格林文化）等。《下一站，紅氣球》榮獲第九屆「日本幼稚園繪本大賞」。

翻譯｜**李彥樺**

　　日本關西大學文學博士，曾任私立東吳大學日文系兼任助理教授，譯作涵蓋科學、文學、財經、實用書、漫畫等領域，作品有「NHK小學生自主學習科學方法」（全套3冊）、「5分鐘孩子的邏輯思維訓練」（全套2冊）、「〔實踐創意〕小學生進階程式設計挑戰繪本」（全套4冊）、「數字驚奇大冒險」（全套3冊）（以上皆由小熊出版）。

審訂｜**陳建州**

　　現任國立雲林科技大學營建工程系教授，曾任高屏溪橋建造工程師、國立中央大學工學院橋梁工程研究中心顧問、中華顧問工程司正工程師；研究與授課範圍廣含結構動力學、橋梁工程、預力混凝土、工程數學、基本結構學、鋼筋混凝土和測量學等。

照片提供（P14, P25-29）：shutterstock

閱讀與探索
從無到有工程大剖析：橋梁　　監修／鹿島建設株式會社　繪圖／山田和明　翻譯／李彥樺　審訂／陳建州

總編輯：鄭如瑤｜主編：施穎芳｜責任編輯：王靜慧｜美術編輯：陳姿足｜行銷副理：塗幸儀

社長：郭重興｜發行人兼出版總監：曾大福
業務平臺總經理：李雪麗｜業務平臺副總經理：李復民
海外業務協理：張鑫峰｜特販業務協理：陳綺瑩｜實體業務協理：林詩富
印務經理：黃禮賢｜印務主任：李孟儒
出版與發行：小熊出版・遠足文化事業股份有限公司
地址：231 新北市新店區民權路 108-2 號 9 樓
電話：02-22181417｜傳真：02-86671851
劃撥帳號：19504465｜戶名：遠足文化事業股份有限公司
客服專線：0800-221029｜客服信箱：service@bookrep.com.tw
Facebook：小熊出版｜E-mail：littlebear@bookrep.com.tw
讀書共和國出版集團網路書店：http://www.bookrep.com.tw
團體訂購請洽業務部：02-22181417 分機 1132、1520

法律顧問：華洋法律事務所／蘇文生律師｜印製：凱林彩印股份有限公司
初版一刷：2021 年 6 月｜定價：350 元｜ISBN：978-986-5593-30-8

國家圖書館出版品預行編目（CIP）資料

從無到有工程大剖析：橋梁 / 鹿島建設株式會社監修；山田和明繪圖；李彥樺翻譯；陳建州審訂 . -- 初版 . -- 新北市：小熊出版：遠足文化事業股份有限公司發行 , 2021. 06
　32面；29.7×21公分 . （閱讀與探索）
　ISBN 978-986-5593-30-8（精裝）
　1. 橋梁　2. 橋梁工程

441.8　　　　　　　　　　　　　　　110007872

DANDAN DEKITEKURU4 HASHI
Copyright© Froebel-kan 2020
First Published in Japan in 2020 by Froebel-kan Co., Ltd.Complicated Chinese language rights arranged with Froebel-kan Co., Ltd., Tokyo, through Future View Technology Ltd.
All rights reserved.
Supervised by KAJIMA CORPORATION
Illustrated by YAMADA Kazuaki
Illustrated by MATSUMOTO Naomi (p11 Below/p18 A Balancing toy/p20 & p21 Below)
Designed by FROG KING STUDIO

小熊出版讀者回函

小熊出版官方網頁

從無到有 工程大剖析

全4冊

城市冒險
GO!
橋梁

> 認識生活周遭的
> 巨大建設！

滿足好奇心與臨場感的知識繪本
啟發孩子對科學與工程探索的樂趣

> 圖解各項施工步
> 驟好厲害！

> 重型機械圖鑑
> 好精采！

1 道路　2 隧道

3 橋梁　4 大樓

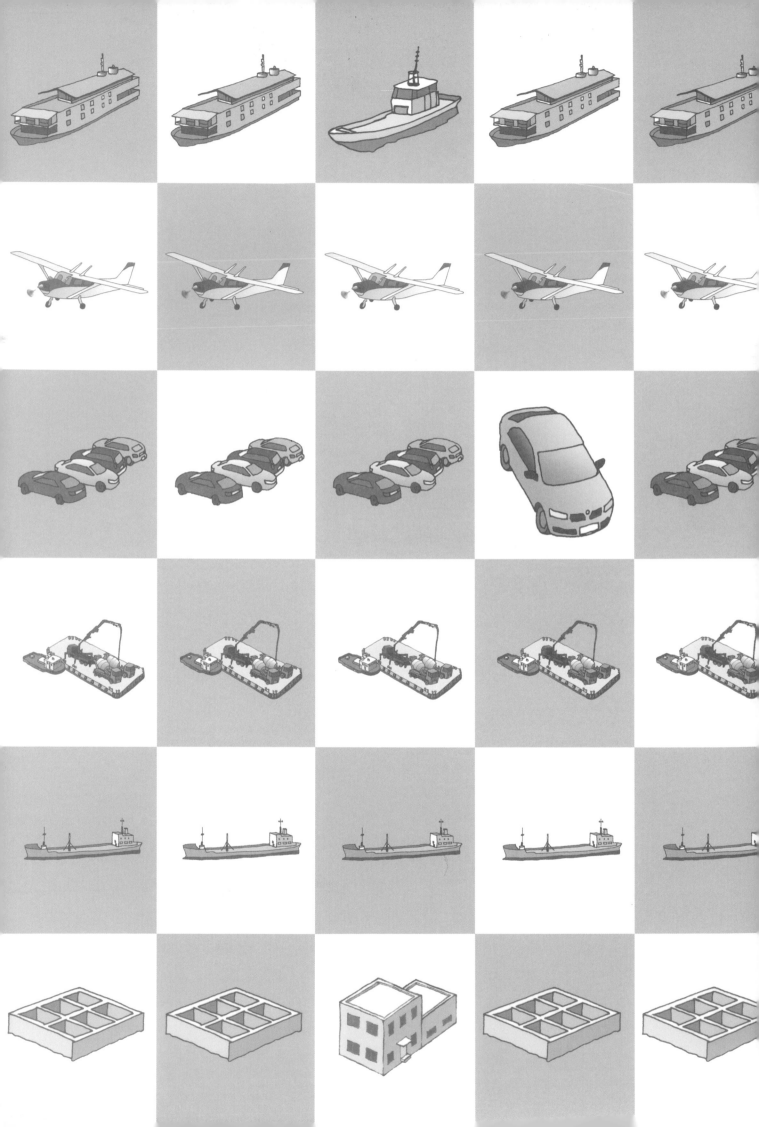